FORSCHUNGSBERICHTE DES LANDES NORDRHEIN-WESTFALEN

Nr. 1582

Herausgegeben

im Auftrage des Ministerpräsidenten Dr. Franz Meyers

von Staatssekretär Professor Dr. h. c. Dr. E. h. Leo Brandt

Dipl.-Ing. Dr. techn. Ernst Kofrányi

Dr. rer. nat. Friedrichkarl Jekat

Max-Planck-Institut für Ernährungsphysiologie, Dortmund

Die biologische Wertigkeit von Kartoffelproteinen

Springer Fachmedien Wiesbaden GmbH

ISBN 978-3-663-06077-2 ISBN 978-3-663-06990-4 (eBook)
DOI 10.1007/978-3-663-06990-4

Verlags-Nr. 011582

Ursprünglich erschienen bei Westdeutscher Verlag, Köln und Opladen 1965

Inhalt

1. Problemstellung

Kartoffeln sind trotz ihres geringen Proteingehaltes von nur etwa 2% Rohprotein wichtige Träger der Eiweißernährung. In der Bundesrepublik Deutschland werden heute 8% des Eiweißbedarfes durch Kartoffelprotein gedeckt, in der sowjetischen Besatzungszone sind es 12%. – In der Hungerzeit nach dem Kriege herrschte vor allem ein großer Eiweißmangel. Man kann schätzen, daß damals rund ein Viertel bis ein Drittel des Nahrungsproteins aus Kartoffeleiweiß bestand; es hat wesentlich zu unserem Überleben beigetragen. Deshalb ist die Kenntnis der biologischen Wertigkeit der Kartoffelproteine von besonderem Interesse.

Die biologische Wertigkeit gibt die Brauchbarkeit eines Proteins für die menschliche Ernährung an. Ihre erste Definition stammt von K. THOMAS [1] aus dem Jahre 1909. Sie gibt an, wieviel Teile Körperstickstoff durch 100 Teile Nahrungsstickstoff ersetzt werden können. Seither ist wiederholt versucht worden, neue Definitionen zu finden, die die Methode ihrer Messung besser berücksichtigen. Die Autoren dieses Berichtes sehen als biologische Wertigkeit den reziproken Wert des Minimalbedarfs an Protein bei ausgeglichener Bilanz an. Da die Ermittlung der biologischen Wertigkeit durch Bilanzversuche erfolgt und dabei der Minimalbedarf bestimmt wird, ist diese Definition besonders zweckmäßig.

Als Rohprotein wird in der Ernährungsforschung durch Konvention das Produkt aus dem Stickstoffgehalt eines Nahrungsmittels mit dem Faktor 6,25 bezeichnet. Das beruht auf der willkürlichen Annahme, daß alle Proteine genau 16% Stickstoff enthalten. Diese Konvention hat folgenden Grund: Die Bestimmung des Stickstoffs in einem Nahrungsmittel oder gar in einer Speise ist wesentlich genauer als die Bestimmung des wirklichen Proteins. Unanwendbar ist diese Annahme nur bei solchen Nahrungsmitteln, deren stickstoffhaltige Substanzen nicht aus Aminosäuren aufgebaut sind.

Die Abschätzung der biologischen Wertigkeit der Kartoffelproteine ist darum besonders schwierig, weil mindestens die Hälfte des Rohproteins der Kartoffel nicht aus wirklichen Proteinen besteht. Proteine sind definitionsgemäß hochmolekulare Naturstoffe, die aus L-α-Aminosäuren aufgebaut sind; sie sind entweder unlöslich oder denaturierbar. Das Rohprotein der Kartoffel läßt sich zwar weitgehend in Lösung bringen, aber bei Hitzedenaturierung fällt kaum die Hälfte davon als denaturiertes Protein aus. Der in Lösung gebliebene Rest besteht aus Peptiden und freien Aminosäuren. Es wäre versuchstechnisch denkbar, eine Versuchsperson mit dem isolierten hochmolekularen Kartoffelprotein, dem *Tuberin*, zu ernähren und dessen biologische Wertigkeit zu bestimmen.

Praktischen Wert hätte das aber nicht, da Kartoffeln immer als Ganzes gegessen werden. Es ist nämlich unerheblich, ob ein Organismus mit Proteinen, Peptiden oder Aminosäuren ernährt wird, da jeder Eiweißstoff durch die Verdauungsenzyme bis zu Aminosäuren abgebaut werden muß, ehe er die Darmwand passieren kann. Wesentlich ist nur die Art der Aminosäuren, die dem Organismus zugeführt werden, damit er körpereigenes Eiweiß daraus aufbauen kann.

Man müßte also wissen, welchen Nährwert die niedermolekularen Stickstoffverbindungen der Kartoffel haben und in welcher Weise sie die Wertigkeit des Tuberins verändern. Sie bestehen zum größten Teil aus Asparagin, einer Verbindung aus Asparaginsäure und Ammoniak. Beide Komponenten sind als Eiweißbausteine anzusehen, das gesamte Rohprotein hat also Eiweißcharakter und muß als Ganzes am Menschen getestet werden.

Es erhebt sich die Frage, ob man die Wertigkeit nicht besser an Tieren als an Menschen testen könnte. So haben Fütterungsversuche an Ratten den experimentellen Vorteil, daß man viele Tiere gleichzeitig einsetzen kann und dadurch eine gute Mittelwertsbildung erreicht. Die große Schwierigkeit besteht aber darin, daß die Wertigkeit von Nährstoffen für Mensch und Tier nicht übereinstimmt, da das Tier andere körpereigene Proteine aufbauen muß als der Mensch. So produziert eine Ratte große Mengen von Fell; das Keratin der Haare enthält einen hohen Anteil an schwefelhaltigen Aminosäuren, die der Mensch nicht im gleichen Maße zum Leben braucht. Überdies stimmen die essentiellen Aminosäuren von Mensch und Ratte nicht überein.

Der Begriff »essentielle Aminosäuren« wurde von W. C. Rose [2] geprägt. Bei der Verfütterung freier Aminosäuren statt Proteinen stellte er an Ratten fest, daß man manche der Aminosäuren ohne Schädigung aus dem Futter weglassen darf. Der Organismus der Ratte ist imstande, sie aus anderen Aminosäuren selbst zu erzeugen. Es gibt aber zehn Aminosäuren, deren Fortfall sich tödlich auswirkt, da sie offensichtlich vom Rattenorganismus nicht synthetisiert werden können; sie müssen unbedingt im Futter vorhanden sein. Rose nannte sie »Essentielle Aminosäuren«.

Es sind dies folgende:

Valin	Threonin
Leucin	Methionin
Isoleucin	Arginin
Phenylalanin	Histidin
Tryptophan	Lysin

Während die Ratte zehn essentielle Aminosäuren benötigt, sind es für den erwachsenen Menschen zwei weniger – Histidin und Arginin sind für ihn nicht lebensnotwendig. Die Bestimmung des menschlichen Bedarfs kann also nur am Menschen getestet werden. Das setzt aber willige und zuverlässige Versuchspersonen voraus, und darum wurde früher die Mehrzahl der Daten in Selbstversuchen der Wissenschaftler gewonnen. Auch ein Autor dieses Berichtes hat sich über 11 Monate einem solchen Selbstversuch unterworfen [3]. Die große Schwierigkeit bei der Ermittlung der biologischen Wertigkeit besteht nämlich darin, daß zuverlässige Werte für den Menschen nur durch langfristige Versuche zu erhalten sind. Die Möglichkeit, für einen einzigen Versuch 10–50 Personen einzusetzen, um eine bessere Mittelwertsbildung zu erreichen, besteht nicht.

Die Voraussetzung dafür, an wenigen Versuchspersonen ebenso genaue Ergebnisse zu erhalten wie an einer großen Anzahl von Tieren, war das Studium der Bedingungen, unter denen man gut reproduzierbare Werte erhält. Im Laufe von Jahrzehnten ist es uns gelungen, diese Bedingungen zu ermitteln; sie werden in dem Kapitel »Methodik« abgehandelt. Die Genauigkeit der Bestimmungen liegt nun innerhalb von $\pm 1{,}5\%$ des betreffenden Wertes, wie auf S. 8 gezeigt wird. Diese große Genauigkeit rechtfertigt unsere Versuchsplanung mit jeweils nur zwei Versuchspersonen für jeden Nährstoff. Wäre die Ungenauigkeit (Streubreite) unserer Versuche am Menschen in der Größenordnung von $\pm 10\%$, so hätten die Ergebnisse keinen großen Aussagewert. Die Signifikanz der Bestimmungen mit Streubreiten von $\pm 1{,}5\%$ bei zwei Versuchspersonen ist aber wesentlich größer als die von Bestimmungen mit Streubreiten von $\pm 10\%$ bei je zehn Versuchspersonen.

Zur Ernährung des Menschen werden im täglichen Leben nie reine Proteine angewandt; selbst die Verwendung nur tierischer oder nur pflanzlicher Proteine kommt in Europa in den seltensten Fällen vor. Der Normalfall ist eine gemischte Kost mit sowohl tierischen als auch pflanzlichen Bestandteilen. Selbst in den Hungerjahren ernährte sich niemand ausschließlich von Kartoffeln. Die Beantwortung der Frage nach der Wertigkeit des Kartoffeleiweißes ist also nicht damit abgetan, daß man eine Zahl für reine Kartoffelkost angibt. Nach unseren Erfahrungen besitzen gemischte Proteine in den meisten Fällen höhere Wertigkeiten als ihre Komponenten allein. Es ist deshalb für die Beurteilung eines Proteinträgers ganz wesentlich, ob er eine gute Ergänzungswertigkeit besitzt.

Um den Begriff der Ergänzungswertigkeit zu erläutern, verweisen wir auf die Abb. 1–4. Auf den Abszissen sind die Mischungsverhältnisse der Proteine angegeben. Die Ordinaten zeigen die minimale Menge Protein pro Kilogramm Körpergewicht und pro Tag, die zur Erreichung des Bilanzausgleiches nötig ist. Dies ist die reziproke Zahl der biologischen Wertigkeit; je tiefer ein Punkt in den Diagrammen liegt, desto höher ist seine biologische Wertigkeit.

Unterschiede in der Wertigkeit zweier Proteinträger sind darin begründet, daß ihre Muster der Aminosäurezusammensetzung für die Verwertung im menschlichen Organismus nicht gleich gut geeignet sind. Als biologisch hochwertig haben sich die Proteine erwiesen, deren Zusammensetzung der des menschlichen Körpereiweißes ähnelt. Da also die Qualität eines Eiweißstoffes eine Funktion seiner Aminosäurezusammensetzung ist, kann durch Mischung zweier verschiedenwertiger Proteinträger ein vollwertiges Nahrungseiweiß erzielt werden. Die Richtigkeit solcher Überlegungen konnte im Experiment am Menschen nachgewiesen werden.

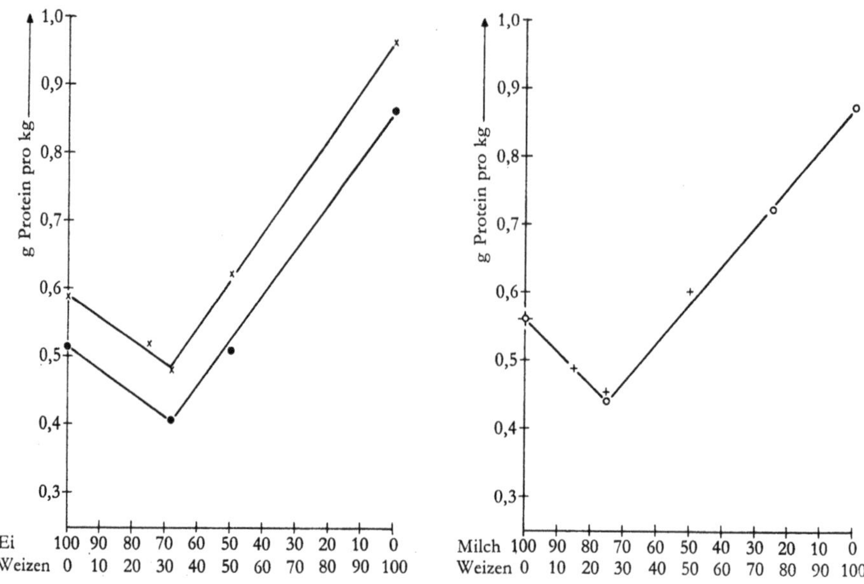

Abb. 1 und 2 Der Minimalbedarf an Protein pro Kilogramm Körpergewicht bei Mischungen von Ei bzw. Milch mit Weizen

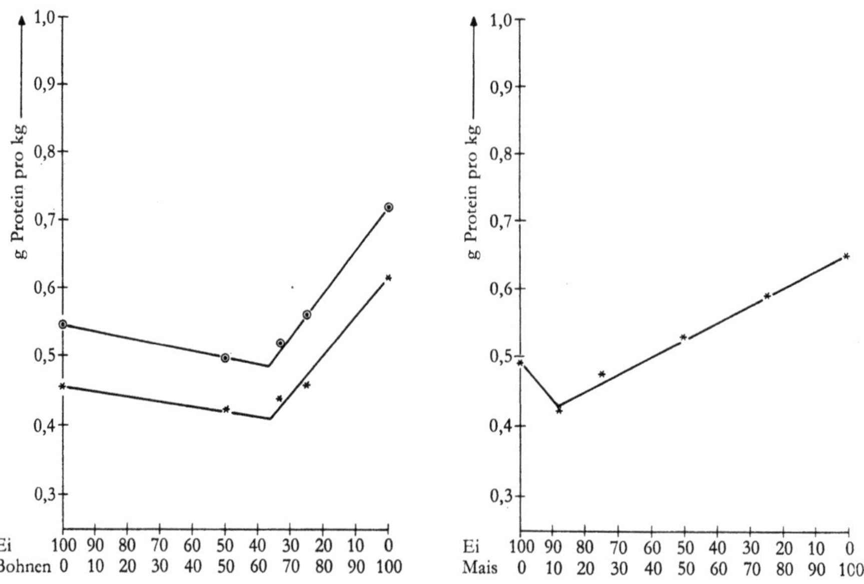

Abb. 3 und 4 Der Minimalbedarf an Protein pro Kilogramm Körpergewicht bei Mischungen von Ei mit Bohnen bzw. Mais

Tabelle zu den Abb. 1–4

Tab. 1 Minimalbedarf an Gramm Eiweiß pro Kilogramm Körpergewicht bei verschiedenen Mischungen zweier Proteinträger

Die Mischungen sind in Prozenten des Proteins der Nahrungsmittel angegeben und wurden an sieben Versuchspersonen getestet

	Versuchspersonen						
	Freck. ○	Schm. +	Dierg. ×	Kunz. ●	Schau. ⊙	Pfist. ✻	Gais. *
100% Volleiprotein	0,472	–	0,589	0,575	0,545	0,454	0,493
100% Milchprotein	0,559	0,560	–	–	–	–	–
100% Weizenprotein	0,875	–	0,964	0,863	–	–	–
100% Bohnenprotein	–	–	–	–	0,719	0,615	–
100% Maisprotein	–	–	–	–	–	–	0,651
75% Ei + 25% Weizen	–	–	0,517	–	–	–	–
68% Ei + 32% Weizen	–	–	0,480	0,407	–	–	–
50% Ei + 50% Weizen	–	–	0,623	0,509	–	–	–
85% Milch + 15% Weizen	0,490	0,488	–	–	–	–	–
75% Milch + 25% Weizen	0,439	0,454	–	–	–	–	–
50% Milch + 50% Weizen	–	0,604	–	–	–	–	–
50% Ei + 50% Bohnen	–	–	–	–	0,493	0,423	–
33% Ei + 67% Bohnen	–	–	–	–	0,518	0,438	–
25% Ei + 75% Bohnen	–	–	–	–	0,561	0,459	–
88% Ei + 12% Mais	–	–	–	–	–	–	0,422
75% Ei + 25% Mais	–	–	–	–	–	–	0,476
50% Ei + 50% Mais	–	–	–	–	–	–	0,530
25% Ei + 75% Mais	–	–	–	–	–	–	0,591

Die meisten Bilanzversuche führten wir mit jedem Paar von Proteinträgern an zwei Versuchspersonen durch. In Abb. 2 liegen die Kurvenäste der beiden Versuchspersonen zufällig genau aufeinander. In allen übrigen Fällen sind die Kurven verschiedener Personen mehr oder minder proportional verschoben, aber die Kurvenbilder sind einander geometrisch ähnlich. Die allgemein übliche Angabe »pro Kilogramm Körpergewicht« geht also an der physiologischen Wirklichkeit vorbei, aber die wahre Bezugsgröße konnte noch nicht gefunden werden. Vermutlich handelt es sich um individuelle Differenzen in der Lage des Fließgleichgewichtes zwischen Eiweißaufbau und Eiweißabbau. Die Tab. 1 bringt die Zahlenangaben zu den Kurven.
Die Abbildungen zeigen eindrucksvoll, daß nicht nur das pflanzliche Protein durch das tierische aufgewertet wird, sondern auch das tierische durch das

pflanzliche. Sogar das wenig wertvolle Weizenprotein ist in der Lage die hohe Wertigkeit des Milchproteins noch zu steigern: Bei einer Mischung von 76% Milchprotein und 24% Weizenprotein ist der Eiweißbedarf der Versuchspersonen um 0,13 g pro Kilogramm Körpergewicht geringer als bei reinem Milchprotein. Die den Minimumspunkt einschließenden Kurvenäste erweisen sich überraschenderweise in allen Fällen als Geraden.

Die Methodik, die wir an den bisher genannten Proteinträgern mit so gutem Erfolg verwendeten, wurde nun auf Kartoffeln sowie auf Mischungen von Kartoffeln mit anderen Proteinträgern übertragen.

2. Methodik

Stickstoffbilanz ist Stickstoffaufnahme minus Stickstoffausscheidung. Wird mehr Stickstoff ausgeschieden als aufgenommen, liegt eine negative Bilanz vor; wird mehr aufgenommen als ausgeschieden eine positive. Ist die Differenz Null, so spricht man von ausgeglichenen Bilanzen, und nur solche kann man zur Berechnung heranziehen. Als Stickstoffaufnahme ist der Stickstoffgehalt der gesamten Nahrung anzusehen. Stickstoffausscheidung ist die Summe von Harnstickstoff plus Kotstickstoff plus Stickstoffverlust durch Haut und Haare. Letzterer ist nur eine kleine Korrektur, seine Größe wurde von H. Kraut und H. Müller-Wecker [4] ermittelt und wird bei unseren Versuchen berücksichtigt.

Die größte Schwierigkeit bei der Bestimmung der biologischen Wertigkeit am Menschen besteht darin, daß reproduzierbare Werte nur durch langfristige Versuche zu erhalten sind. An unserem Institut wurde festgestellt, wieviele Tage es dauert, bis ein Bilanzgleichgewicht erreicht wird, wie aus Abb. 5 zu ersehen ist. Auf der Abszisse sind die Versuchstage aufgetragen, auf der Ordinate die Bilanzen. Man sieht, daß sogar bei genügender Eiweißzufuhr die Versuchsperson zunächst mit stark negativen Bilanzen antwortet. Es dauert immerhin 11 Tage, bis sich ein Gleichgewicht zwischen Eiweißzufuhr und Eiweißverbrauch eingestellt hat. Die Ergebnisse aus diesem Zeitraum sind für die Berechnung von Wertigkeiten unbrauchbar. Es muß an dieser Stelle bemerkt werden, daß außer-

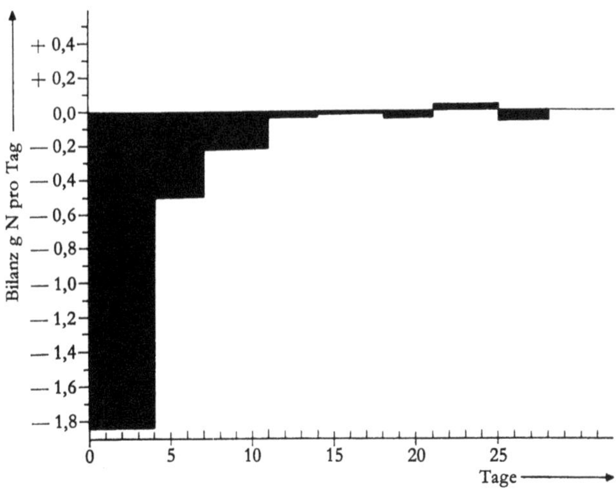

Abb. 5 Allmähliche Einstellung des N-Gleichgewichtes zwischen Eiweißzufuhr und Eiweißbilanz

halb unseres Institutes leider die weitaus meisten Untersuchungen an Menschen in den wenigen Tagen gemacht wurden, die keine reproduzierbaren Ergebnisse erwarten lassen.

Als minimale Zeit für die nun folgende Bestimmung der Bilanz muß man nochmals mindestens 10 Tage ansetzen; das ergibt also zusammen eine Versuchsdauer von 21 Tagen – vorausgesetzt, daß man das Glück hatte, die Höhe der notwendigen Eiweißzufuhr für eine ausgeglichene Bilanz richtig abgeschätzt zu haben. Hat man keinen guten Bilanzausgleich erzielt, muß man die Eiweißzufuhr korrigieren und weitere 7–10 Tage an den Versuch anhängen, was zu einer Dauer des Gesamtversuches von 28 bis 31 Tagen führt. In manchen Fällen ist man leider gezwungen, den Versuch noch länger – bis auf 6 Wochen – auszudehnen. Damit sind die rechnerischen Unterlagen erst für einen einzigen Punkt der Kurve geschaffen. Vor Beginn einer neuen Versuchsperiode muß man mindestens eine Woche mit Normalernährung einschieben.

In zwei Fällen wurde im Laufe der Untersuchungen ein Ernährungsversuch nach längerer Zeit wiederholt; die Ergebnisse zeigten eine erstaunliche Übereinstimmung. Bei Versuchsperson Gro. wurde Milch getestet: der minimale Proteinbedarf pro Kilogramm Körpergewicht betrug 0,423 bzw. 0,416 g. Bei der Versuchsperson Freck. wurde der Kartoffelversuch wiederholt: der minimale Proteinbedarf pro Kilogramm Körpergewicht betrug 0,469 bzw. 0,480 g.

Unter der Annahme, daß die in Abb. 1–4 gezeigten Kurvenäste linear verlaufen – was augenscheinlich ist –, kann man auch die Streubreite der Punkte der Kurven ausrechnen. Dazu sind pro Kurvenast mindestens drei Punkte nötig.

Wir rechnen nach der Formel:

$$s^2 = \frac{1}{n-2} \sum (y_i - Y_i)^2$$

Darin bedeutet:

s = die Abweichung von der Regressionsgeraden,
n = die Anzahl der Beobachtungspunkte,
y_i = die Ordinatenwerte der Beobachtungspunkte,
Y_i = die Ordinatenwerte der y_i entsprechenden Punkte der Regressionsgeraden.

Die Streuungen der Meßpunkte um die Regressionsgerade sollen in Prozenten der jeweiligen Ordinate der Geraden angegeben werden; sie betragen für jeden Kurvenast, bei dem mindestens drei Punkte vorhanden sind:

±2,2%	±1,4%	±1,2%	±1,2%
±1,7%	±1,9%	±0,7%	±0,9%

Mittel aller Werte ±1,47%

Dies ist für biologische Versuche eine erstaunliche Genauigkeit: Daß die Kurvenäste gerade Linien sind, ist damit sichergestellt.

3. Stoffwechselbilanzen

Über unsere Technik der Stoffwechselbilanzen wurde von KRAUT und SZAKÁL [5] im Jahre 1941 zusammenfassend berichtet. Die von ihnen beschriebene Organisation der Versuche ist im Prinzip beibehalten worden; die Methodik hat sich jedoch seither in einigen Punkten verändert. Es soll darum auf die einzelnen Probleme von Bilanzversuchen näher eingegangen werden.

Die Auswahl der Versuchspersonen erfordert eine besondere Sorgfalt. Nur völlig gesunden Personen, die willig und zuverlässig sind, kann man die schwierigen und langdauernden Ernährungsformen zumuten. Über die körperliche Gesundheit gibt eine eingehende Untersuchung Aufschluß. Sie umfaßt den klinischen Allgemeinbefund, Blutsenkung, Blutbild, Harnuntersuchung, Röntgenuntersuchung der Thoraxorgane, Nierfunktionsprüfung, Magenuntersuchung, Grundumsatzbestimmung. Die ärztliche Kontrolle erstreckt sich auch über die gesamte Versuchsdauer.

Für Willigkeit und Zuverlässigkeit gibt es leider keinen Test. Es war am besten, wenn wir Freunde von solchen Versuchspersonen einstellten, die sich als ordentlich und brauchbar erwiesen hatten; die meisten von ihnen waren Studenten. Die am Versuch beteiligten Personen werden eingehend mit ihren Aufgaben vertraut gemacht und unterwerfen sich freiwillig der Disziplin der Versuchsordnung, was durch einen schriftlichen Vertrag festgehalten wird. Ein besonderes Überwachungssystem ist nicht notwendig, denn Verstöße gegen die Versuchsbedingungen werden aus den Analysen schnell erkannt und haben die unverzügliche Auflösung des Vertragsverhältnisses zur Folge. Es kam nie vor, daß eine Versuchsperson die Speisen nicht vollständig verzehrte oder sich andere Nahrung aus unkontrollierten Quellen zuführte. Hingegen kamen zweimal Unterschlagungen von Ausscheidungen vor. Es ist nämlich außerordentlich lästig, über viele Monate immer mit einer Sammelflasche für Harn ausgehen zu müssen.

Die Unterbringung der Versuchspersonen im Institutsgebäude erwies sich als unerläßlich. Die Einzelzimmer sind hübsch und zweckmäßig eingerichtet und liegen in demselben Stockwerk, in dem sich die Diätküchen, die den Küchen angeschlossenen Speiseräume sowie die Toiletten befinden. Bade- und Duschräume sind vorhanden, außerdem Gemeinschaftsräume mit Fernsehgerät. Es herrscht keine Krankenhausatmosphäre, sondern eher die eines Studentenheimes.

Mit den Versuchspersonen werden Verträge über 6 oder 12 Monate abgeschlossen, die die gegenseitigen Verpflichtungen, das Honorar und die Hausordnung genau festlegen. Bei einer gleichzeitigen Anwesenheit von acht bis zwölf Personen hat es sich als günstig erwiesen, allgemeine, interne Fragen durch einen Versuchspersonen-Obmann behandeln zu lassen. Kleinere Beschwerden und Beanstandungen sowie Verstöße gegen die Hausordnung werden duıch diese Instanz meist gütlich bereinigt. Trotzdem gehört es für den Versuchsleiter zu den schwierigsten Aufgaben, über die langen Zeiträume der höchst monotonen Ernährungsversuche ein gutes Betriebsklima zu erhalten.

Die Vorausberechnung des Kostmaßes ist aus mehreren Gründen erforderlich. Zunächst läßt sich damit feststellen, ob die Versorgung der Versuchsperson mit allen Nährstoffen als gesichert angesehen werden kann, oder ob bestimmte Zulagen (besonders Mineralien und Vitamine) oder Abzüge (meist Fett) notwendig erscheinen. Die Versuche zur Ermittlung der biologischen Wertigkeit von Eiweißstoffen werden so durchgeführt, daß Höhe und Art der Proteinzufuhr von Versuchsabschnitt zu Versuchsabschnitt variiert, die übrigen Nährstoffe aber in stets kalorisch gleicher und ausreichender Menge verabfolgt werden. Dabei wird Eiweiß nicht in reiner Form oder hochkonzentriert angewendet, sondern als Bestandteil von Nahrungsmitteln. Deshalb bedingt oftmals eine Abänderung der Eiweißmenge eine gleichzeitige Verschiebung der Anteile von Fett und Kohlenhydraten. Eine große Gleichmäßigkeit in der Bemessung der Nährstoffe ist unbedingt erforderlich, weil es 10–14 Tage dauert, ehe sich ein Gleichgewicht zwischen Eiweißaufnahme und Eiweißverbrauch einstellt. Deshalb muß die Vorausberechnung bei der geringsten Abänderung der Versuche sowie bei Bekanntwerden neuer Analysendaten der Nahrungsmittel neu angestellt werden.

Auch die Steuerung der Diätversuche wird erleichtert, wenn man sich durch die Vorausberechnung einen Maßstab zur Abschätzung der Höhe der Nährstoffaufnahme schafft. Denn zu der vorläufigen Beurteilung eines laufenden Bilanzabschnittes kann man sonst nur die relativ schnell zu ermittelnden Harnwerte als Kriterien heranziehen, nach denen über Beendigung, Fortführung oder Abänderung des Versuches entschieden wird. Die Probenahme, Aufbereitung und Analyse von aufgenommener Nahrung und den Kotausscheidungen sind zum Zeitpunkt der Entscheidung noch nicht abgeschlossen. Wollte man ihre endgültigen Ergebnisse abwarten, müßte man jeden Versuchsabschnitt um mindestens eine weitere Woche verlängern.

Die Vorausberechnung des Kostmaßes erfordert einen gewissen zeitlichen und organisatorischen Aufwand. Anfangs wurden Vorausberechnungen in unserem Institut mit Bürorechenmaschinen ausgeführt. Dabei kann man als erforderlichen Zeitaufwand pro verpflegte Person und pro Tag 20 Minuten veranschlagen. Das bedeutet, daß für sechs bis acht Versuchspersonen ca. 16 Stunden Rechenarbeit in der Woche notwendig sind, also zwei volle Arbeitstage. Zur Entlastung des Diätfachpersonals von den oftmals als lästig empfundenen Schreib- und Rechenarbeiten, stellten wir diese Berechnungen auf die Hollerithtechnik um. Alle Analysenergebnisse werden tabelliert und auf Lochkarten übertragen. Diese können bei Bedarf durch eine Kommandokarte herangezogen werden, die den Namen der Versuchsperson, Art und Zeitabschnitt des Versuches sowie die veranschlagte Lebensmittelmenge angibt. Die schnellstens vom Rechenstanzer ausgedruckten Ergebnisse der Nährstoffversorgung dienen als Protokolle der Vorausberechnung und zum Vergleich mit den später zu erwartenden Analysendaten der Nahrung.

Die Vorausberechnung des Kostmaßes ist demnach um so wertvoller, je früher sie verfügbar ist und je besser sie mit den anschließend analysierten Werten übereinstimmt. Der endgültigen Versuchsauswertung dürfen aber nicht die aus der chemischen Analyse der verwendeten einzelnen Nahrungsmittel erhaltenen Ergebnisse, geschweige denn Tabellenwerte zugrunde gelegt werden. Vielmehr ist es notwendig, einen aliquoten Teil der tatsächlich verwendeten gesamten Nahrung als Probe zu sammeln und zur Analyse zu bringen. Diese gibt die Höhe des wirklichen Verzehrs wieder.

Die in den Versuchen verwendeten Nahrungsmittel werden in ausreichender Menge eingelagert und in regelmäßigen Abständen Stickstoffbestimmungen unterworfen. Die Kartoffel zeigt während der Lagerung Veränderungen in der Zusammensetzung (enzymatischer Stärkeabbau, Wasserverluste). Zwar stimmen die Ergebnisse der Analyse im allgemeinen mit den Angaben der üblichen Lebensmitteltabellen überein; wenn wir dennoch auf selbst ermittelte Werte zurückgreifen, so hat das die oben erwähnten Gründe. Bei Verzicht auf Vorratshaltung in genügenden Mengen, regelmäßige Analyse und Vorausberechnung der Lebensmittel wäre eine Steuerung der Versuche überhaupt nicht möglich, und die Ergebnisse wären weitgehend Zufälligkeiten ausgesetzt. Dazu ein Beispiel: Zur Verabreichung von 20 g Kartoffeleiweiß pro Person und Tag wären für eine bestimmte Versuchsperson notwendig:

796,8 g Kartoffeln, wenn man den Mittelwert zugrunde legt,
653,6 g Kartoffeln, wenn man den höchst gefundenen Wert berücksichtigt,
1169,6 g Kartoffeln, wenn man mit dem niedrigsten Wert rechnet.

In welchem Maße es gelingt, die Schwankungen in der Zusammensetzung von Lebensmitteln bei der Versuchsdurchführung auszuschalten, mögen die in Tab. 2 zusammengestellten Vergleiche zwischen vorausberechneten und ermittelten Werten zeigen.

Tab. 2 Vergleich zwischen errechneten und analysierten Stickstoffwerten in der Nahrung der Versuchspersonen

Versuchspersonen	Versuchswoche Nr.	g N/Tag (gef.)		g N/Tag (ber.)	
Fre.	122	9,53		9,42	(98,85%)
	123/124	9,58	(100%)	9,43	(98,43%)
	125/126	9,52		9,45	(99,26%)
Kun.	37	5,80	(100%)	5,85	(100,86%)
	38/39	5,93		5,85	(98,65%)
Hei.	1	5,78		5,67	(98,10%)
	2/3	5,98	(100%)	5,67	(94,81%)
	4/5	5,97		5,66	(94,81%)
	6/7	5,60	(100%)	5,30	(94,64%)
	8	5,48		5,33	(97,26%)
	9	5,19		5,20	(100,19%)
	10/11	5,25	(100%)	4,78	(91,05%)
	12/13	5,10		4,99	(97,84%)
	14/15	5,78	(100%)	5,41	(93,60%)
	16/17	5,39		4,70	(87,20%)
	18	5,31		5,31	(100,00%)
	19/20	5,29	(100%)	5,31	(100,38%)
	21/22	5,46		5,31	(97,25%)

Die Abweichungen der errechneten von den analysierten Werten (letztere gleich 100% gesetzt) betragen im Durchschnitt —3,16%; im Mittel liegen die Berechnungen bei 96,84% der Analysenwerte (Höchstwerte 100,86%; Niedrigstwerte 87,20%). Die beobachtete Genauigkeit wird für Vorausberechnungen unter den gegebenen Umständen als befriedigend erachtet.

In Versuchen zur Bestimmung der biologischen Wertigkeit von Eiweißstoffen müssen den beteiligten Personen soviel Kalorien zugeführt werden, daß ein Absinken des Körpergewichtes auf alle Fälle vermieden wird; ein leichtes Ansteigen ist erwünscht. Wird diese Bedingung nicht erfüllt, so erfolgt Eiweißverbrennung zur Deckung des Energiebedarfes.

Von allen Vitaminen und Mineralstoffen müssen überschüssige Mengen gegeben werden, damit sie im Verlaufe der Versuche auf keinen Fall den begrenzenden Faktor bilden. Es ist auch darauf zu achten, daß die Nahrung genügend Ballaststoffe enthält, damit regelmäßiger Stuhlgang gewährleistet ist.

Zur Erreichung des Versuchszieles muß in der Kost ein einzelnes Protein oder das Gemisch zweier Proteinträger während eines mehrwöchigen Versuchsabschnittes in genau definierter Höhe konstant gehalten werden. Da die zu testenden kleinen Eiweißmengen in keiner Weise ausreichen, um den Kalorienbedarf zu decken, muß als Kalorienträger ein Fett–Stärke-Brei verabfolgt werden, zu dem in vielen Fällen der Eiweißträger zugemischt wird. Einige Beispiele mögen dies erläutern.

Zubereitung des Vollei-Stärkebreies: Der Topfboden wird mit Margarine benetzt, 1,5 Liter Wasser hinzugefügt und zum Sieden erhitzt. Mondamin, Agar-Agar und Zellulosepulver (zur Erzielung einer genügenden Darmperistaltik) werden erst trocken gut gemischt, dann mit 400–500 ml Wasser glattgerührt und unter ständigem Rühren in das kochende Wasser gegossen. Nach dem Ausquellen wird der Brei vom Herd genommen, Zucker hinzugefügt und der Brei unter weiterem Rühren etwas abgekühlt. Erst dann wird das Eihomogenat quantitativ unter den Brei gerührt.

Die Breimenge wird auf vier Portionen ziemlich gleichmäßig verteilt und von der Versuchsperson zu vier Mahlzeiten (morgens, mittags, nachmittags und abends) verzehrt. Zum Brei wird ein Fruchtsaft gereicht, der aus 300 ml Himbeersirup und etwa 100 ml Zitronensaft besteht. Die frischen Zitronen wurden ausgepreßt und das Fruchtfleisch abgesiebt. Auf die regelmäßige Einnahme von 5 bis 7 g Kochsalz pro Person und Tag wird geachtet. Wir verabreichen außerdem Calcipot-Tabletten (Troponwerke) und Kaliumhydrogencarbonat, ferner als Vitamin- und Spurenelement-Kombination Vogan-Aquat (Bayer – Leverkusen und E. Merck – Darmstadt), Polybion (Merck) und Ferro-Redoxon (Hoffmann – La Roche).

Zubereitung der Kartoffeln: Die Kartoffelsorte »Lori« wurde in so großer Menge direkt vom Erzeuger bezogen, daß für die gesamte Versuchszeit dieselbe Sorte zur Verfügung stand. Eine reichliche Tagesmenge der Kartoffeln wird roh geschält, unter fließendem Wasser gewaschen, mit einem Tuch abgetrocknet und unmittelbar darauf hiervon die genaue Tagesmenge abgewogen. Sie beträgt 1–1,5 kg, die Fettmenge 120–170 g. Von den Kartoffeln wird etwa ein Drittel mit wenig Wasser gekocht und unter Hinzufügen von Fett und dem Kartoffelkochwasser als Kartoffelbrei gereicht. Die restlichen zwei Drittel der Kartoffelmenge werden mit der verbliebenen Fettmenge goldgelb gebraten und auf zwei weitere Mahlzeiten verteilt. Da die Kartoffeln zur Deckung des Kalorienbedarfs nicht ausreichen, wird nach den drei Mahlzeiten ein Stärkebrei gereicht, dem gleichzeitig Agar-Agar zugefügt ist, um die Kost ballastreicher zu machen. Zum Brei werden Fruchtsaft, Vitamin- und Mineralstofftabletten gegeben, wie beim Vollei beschrieben. Den Versuchspersonen sind im Tag 2–3 Tassen Tee (mit je 10 mg Stickstoff) erlaubt, sowie Sprudelwasser ad libitum.

Außer frischen Kartoffeln wurde auch »Pfanni«-Kartoffelpulver verabreicht. Als Rindfleisch wurden fett- und sehnenfreie Stücke aus der Keule verwendet, als Thunfisch japanische Dosenware.

Probenahme: Jeweils ein Viertel der verwendeten Nahrung wird in einem 5-Liter-Rundkolben unter verdünnter Salzsäure gesammelt und am Schluß der Versuchswoche hydrolysiert. Bei Kostformen ohne Kartoffeln wird auf eine tägliche Sammlung von Probematerial verzichtet und statt dessen einmal in der Woche eine vollständige Tagesration abgefüllt und hydrolysiert. Wir halten dieses Vorgehen für statthaft, weil die benutzten Nahrungsmittel in genügend großem und homogenem Vorrat und in bekannter Zusammensetzung vorliegen und sie deshalb keine plötzlichen Schwankungen in der Zusammensetzung erwarten lassen.

Über die Bemessung der Haupteiweißträger und der wichtigsten Nährstoffe erhält die Diätassistentin vom Versuchsleiter schriftliche Anweisungen. Sie führt anschließend eine vollständige Nährwertberechnung der Versuchskost mit den ihr zur Verfügung stehenden Analysendaten durch. Über die zur Speisenbereitung und Probenahme ausgewogenen Nahrungsmittelmengen wird auf eigens dafür vorgedruckten Formblättern täglich genauestens Protokoll geführt. Für die Einwaage werden Schnellwaagen (Mettler) mit einer Anzeigegenauigkeit von 1 g benutzt.

Die in den Diätküchen bereitete Nahrung wird in drei oder vier Portionen im Tag ausgegeben und in den unmittelbar neben den Küchen gelegenen Eßräumen verzehrt. Die Essenszeiten sind durch die Hausordnung festgelegt, auf ihre Einhaltung wird geachtet. Da die vorgesetzten Nährstoffmengen vollständig verzehrt werden müssen, ist es erforderlich, die Geschirre und Bestecke mit wenig abgemessenem Wasser vollständig von Speiseresten zu befreien. Bei Kartoffeln, die stets frisch zubereitet werden, wird die Kochbrühe weiterverwendet. Zu den Essenszeiten nehmen die Versuchspersonen auch die Mineralsalze und Vitaminpräparate ein. Art und Höhe dieser Zulagen werden im Einvernehmen mit dem Betriebsarzt (klinisch-physiologische Abteilung) bestimmt.

Jede Versuchsperson führt ein Tagebuch, in das folgende Eintragungen vorgenommen werden: Körpergewicht in Kilogramm (morgens, nüchtern) Schlafdauer in Stunden, Verbrauch von Tee, Sprudelwasser und Brunnenwasser in ml, Kaugummi in Stück. Eine weitere Rubrik dient der Verzeichnung der Stuhlentleerungen. Unter »Bemerkungen« trägt die Versuchsperson alle Vorkommnisse und Zustände ein, die ihrer Meinung nach von der Norm abweichen, etwa: Spaziergang 5 km, Handballspiel 90 Minuten; Kopfschmerz, starke Müdigkeit. Weil die Versuchspersonen als Studenten oft außerhalb des Institutes weilen, benutzen sie ihr Journal auch für kurze Mitteilungen an die Versuchsleiter, die die Eintragungen regelmäßig kontrollieren. In solchen Eintragungen spiegelt sich deutlich ihre Haltung und Stimmungslage wider. Man muß angesichts der besonderen Umstände, unter denen langdauernde Ernährungsversuche am Menschen durchgeführt werden, dem Tagebuch Bedeutung beimessen.

Jeder Versuchsperson wird auf der Toilette eine eigene Stoffwechselkabine zugeteilt, die an ein besonderes Entlüftungssystem angeschlossen und so eingerichtet ist, daß Kot und Harn, beide für sich getrennt, restlos erfaßt werden können. Die Harnsammlung kann täglich oder über mehrere Tage erfolgen; dabei wird der erste Morgenharn (Nüchternharn) stets zur Menge des Vortages zugeschlagen. Kot wird wochenweise gesammelt; Beginn und Ende einer Versuchsperiode werden durch eine Mahlzeit von Blaubeeren markiert.

Die Kotproben werden wie folgt aufgearbeitet: Die Ausscheidungen werden unter angesäuertem Azeton gesammelt. Unter Hinzufügung von destilliertem

Wasser und Salzsäure wird die Flüssigkeitsmenge auf ein bestimmtes Volumen gebracht; die Säurekonzentration soll etwa 0,7 *n* sein. Mit Hilfe eines Ultra-Turrax (Hersteller: Fa. Janke & Kunkel, Staufen/Brsg.) wird die Mischung homogenisiert. Während der Durchmischung erfolgt die Abnahme aliquoter Teile mit Hilfe von sogenannten Fortuna-Pipetten. Der Rest wird verworfen. Die gewonnene Suspension läßt sich direkt für die einzelnen Bestimmungen verwenden, kann aber auch durch Zentrifugieren mit Azeton, wie bisher mit der gesamten Menge der Ausscheidungen ausgeführt, auf Trockenkot und Kotazeton verarbeitet werden, die geruchsarm und unbegrenzt haltbar sind.

Die gesammelten Tages- oder Wochenproben der Nahrung werden mit 1 *n* Salzsäure 7 Stunden unter Rückfluß siedend, dann bis zur Abkühlung über Nacht gerührt. Die entstandene feine Suspension wird abgemessen und 1 Liter als Probe aufbewahrt. Der Stickstoff wird, ebenso wie im Harn, in der Makroausführung nach KJELDAHL ermittelt, da bei Mikroausführung eine gleichmäßige Probenahme nicht gewährleistet ist. Wir verwenden für die Abmessung der gut durchgeschüttelten Suspension Zwei-Marken-Pipetten mit abgeschnittenem Auslauf.

Die Analysen der Ausscheidungen unterscheiden sich nicht von denen der Nahrungsproben. Die Fettanalysen werden nach WEIBULL-STOLDT [6] nach Säurehydrolyse des Materials durchgeführt. Die Kohlenhydrate werden nach zwei Methoden bestimmt: 1. nach BERTRAND [7], 2. nach der Arbeitsanleitung für das Photometer Eppendorf. In den Nahrungshydrolysaten kann man Fette und Kohlenhydrate nicht mehr mit hinreichender Genauigkeit bestimmen; deshalb werden diese beiden Nährstoffe aus den Ergebnissen der Einzelanalysen der Nahrungsmittel berechnet.

4. Der Minimalbedarf an Kartoffeleiweiß

Bestimmt man den Minimalbedarf an Kartoffeleiweiß bei eben noch ausgeglichener Bilanz, so findet man je nach Versuchsperson verschieden hohe Zahlen, zwischen 0,469 und 0,597 g pro Kilogramm Körpergewicht. Bestimmt man aber an den gleichen Personen unter den gleichen Bedingungen den Bedarf an Eiereiweiß, so sieht man, daß die Bedarfe einander entsprechen: ein höherer Bedarf an Kartoffeleiweiß entspricht einem höheren Bedarf an Eiereiweiß. Es tritt hier der schon besprochene Effekt auf, daß der Bedarf bei verschiedenen Menschen verschieden ist, daß aber die Bedarfe für verschiedene Nahrungsmittel proportional verschoben sind. Vergleicht man den Minimalbedarf an Volleiprotein mit dem von Kartoffelrohprotein, so zeigt sich ein erstaunliches Ergebnis: die Wertigkeit des Kartoffeleiweißes liegt so hoch wie die von Ei. Eiereiweiß aber ist das tierische Protein mit der höchsten biologischen Wertigkeit.

Untersucht man die Ergänzungswertigkeit des Kartoffeleiweißes dadurch, daß man eine aus zwei Proteinträgern gemischte Kost bereitet, von denen eine Komponente Kartoffelprotein ist, so erhält man die nun schon bekannten zweiästigen Kurvenpaare (Abb. 6–9), dazu die Zahlenangaben auf Tab. 3. Nur bei der Mischung Thunfisch/Kartoffeln liegt das Minimum des Bedarfes ganz auf der Seite des Thunfischfleisches.

Das Kartoffeleiweiß hat für Eiereiweiß eine so hohe Ergänzungswertigkeit, daß mit einer Mischung von 35% Eiprotein plus 65% Kartoffelrohprotein mit 0,346 g pro Kilogramm Körpergewicht der tiefste Bedarf aller am Max-Planck-Institut für Ernährungsphysiologie untersuchten Nahrungsmittel und Nahrungsmittelgemische erreicht wurde – damit zugleich auch die höchste je gefundene Eiweißwertigkeit. Weniger auffällig ist der Ergänzungseffekt mit Milch, noch geringer mit Rindfleisch (Abb. 7 und 8), völlig fehlend bei Thunfisch (Abb. 9).

Von allen Mischungen zwischen Fisch und Kartoffeln hat reines Thunfischprotein die höchste Wertigkeit. Immerhin ist aber die Wertigkeit von diesem Fischprotein kaum verschieden von der des Kartoffelrohproteins.

Man könnte gegen die hier gewonnenen Ergebnisse einwenden, daß sie an der Kartoffelsorte »Lori« getestet wurden und vielleicht für andere Sorten nicht zutreffen würden. Das ist aber nicht so, wie unsere Ernährungsversuche mit dem käuflichen Knödelmehl »Pfanni« erweisen. »Pfanni« ist ein Kartoffelpräparat ohne Zusatz anderer Eiweißträger. Zu seiner Herstellung wurden willkürlich verschiedene Kartoffelsorten des Marktes verwendet unter Zumischung reiner Kartoffelstärke. Der sehr tiefe Wert für Asparaginsäure deutet auf eine lange Lagerung der verwendeten Kartoffeln hin [8].

Der Ersatz der Einkellerungskartoffeln »Lori« durch das Kartoffelmehl »Pfanni« gibt entweder die völlig gleichen Werte oder so ähnliche, daß sie innerhalb der Fehlergrenze liegen. (Beachte die Doppelpunkte auf Abb. 8 und 9 und vergleiche die dazugehörigen Zahlenwerte der Tab. 3.) Damit ist der Beweis geführt, daß die Wertigkeit der Kartoffelproteine nicht sortenabhängig ist.

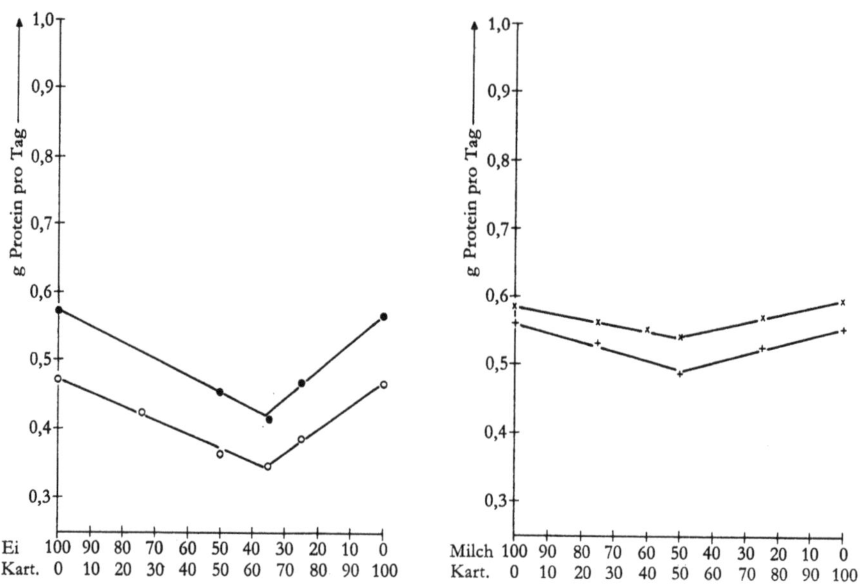

Abb. 6 und 7 Der Minimalbedarf an Protein pro Kilogramm Körpergewicht bei Mischungen von Ei bzw. Milch mit Kartoffeln

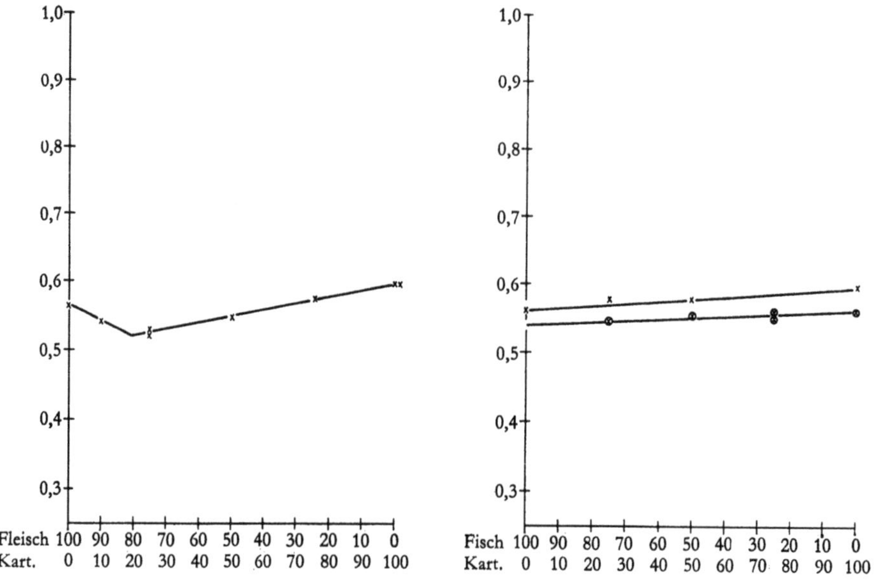

Abb. 8 und 9 Der Minimalbedarf an Protein pro Kilogramm Körpergewicht bei Mischungen von Rindfleisch bzw. Thunfisch mit Kartoffeln

Tabelle zu den Abb. 6–9

Tab. 3 Minimalbedarf an Gramm Eiweiß pro Kilogramm Körpergewicht bei verschiedenen Mischungen zweier Proteinträger

Die Mischungen sind in Prozenten des Proteins der Nahrungsmittel angegeben und wurden an fünf Versuchspersonen getestet

	Versuchspersonen				
	Freck. ○	Kun. ●	Laut. +	Hei. ×	Stam. ⊠
100% Kartoffelrohprotein	0,469	0,569	0,553	0,597	0,563
100% Kartoffelmehlprotein »Pfanni«	–	–	–	0,597	–
100% Volleiprotein	0,472	0,575	–	0,469	–
100% Milchprotein	0,559	–	0,560	0,586	–
100% Rindfleischprotein	–	–	–	0,565	–
100% Thunfischprotein	–	–	–	0,563	–
75% Ei + 25% Kartoffeln	0,424	–	–	–	–
50% Ei + 50% Kartoffeln	0,365	0,432	–	–	–
35% Ei + 65% Kartoffeln	0,346	0,414	–	–	–
25% Ei + 75% Kartoffeln	0,387	0,469	–	–	–
75% Milch + 25% Kartoffeln	0,424	–	0,531	0,563	–
60% Milch + 40% Kartoffeln	–	–	–	0,553	–
50% Milch + 50% Kartoffeln	–	–	0,486	0,542	–
25% Milch + 75% Kartoffeln	–	–	0,525	0,570	–
90% Rindfleisch + 10% Kartoffeln	–	–	–	0,542	–
75% Rindfleisch + 25% Kartoffeln	–	–	–	0,523	–
75% Rindfleisch + 25% »Pfanni«	–	–	–	0,528	–
50% Rindfleisch + 50% Kartoffeln	–	–	–	0,549	–
25% Rindfleisch + 75% Kartoffeln	–	–	–	0,578	–
75% Thunfisch + 25% Kartoffeln	–	–	–	0,579	0,546
50% Thunfisch + 50% Kartoffeln	–	–	–	0,577	0,555
25% Thunfisch + 75% Kartoffeln	–	–	–	–	0,557
25% Thunfisch + 75% »Pfanni«	–	–	–	–	0,550

5. Diskussion der Ergebnisse

Die hohe Wertigkeit der Kartoffeleiweißstoffe ist insofern etwas überraschend, als der Gehalt an nichtessentiellen Aminosäuren recht hoch ist. Die Berechnungsmethoden nach MITCHELL und BLOCK [9] und nach OSER [10] berücksichtigen bei der Bewertung eines Proteins nur die essentiellen Aminosäuren, aber gegen beide Arten der Berechnung sind die größten Zweifel angebracht [8]. Eine endgültige Berechnungsmethode der biologischen Wertigkeit aus der Bausteinanalyse eines Proteins ist noch nicht gefunden; es sieht aber so aus, als ob der Bedarf an essentiellen Aminosäuren tiefer, der Bedarf an nichtessentiellem Stickstoff weit höher ist als bisher angenommen wurde. Als Beweis dafür sehen die Autoren Versuche an, in denen sie Eiereiweiß nach und nach mit nichtessentiellem Stickstoff (Glutaminsäure oder Asparaginsäure oder Ammoniumcitrat) verdünnen. Bis zu einem Eierproteinanteil von 32% blieb die biologische Wertigkeit unverändert [11], erst bei weiteren Verdünnungen sank sie rapide ab (s. Abb. 10). Es gehört zu den vordringlichsten Aufgaben des Max-Planck-Institutes für Ernährungsphysiologie, eine mathematische Beziehung zwischen der Bausteinanalyse eines Proteins und seiner biologischen Wertigkeit zu finden. Die hier mitgeteilten Ergebnisse über die Wertigkeit und die Ergänzungswertigkeit der Kartoffeleiweißstoffe trägt zu der Erklärung der Tatsache bei, daß die Bevölkerung Deutschlands die letzte Hungerperiode überlebt hat.

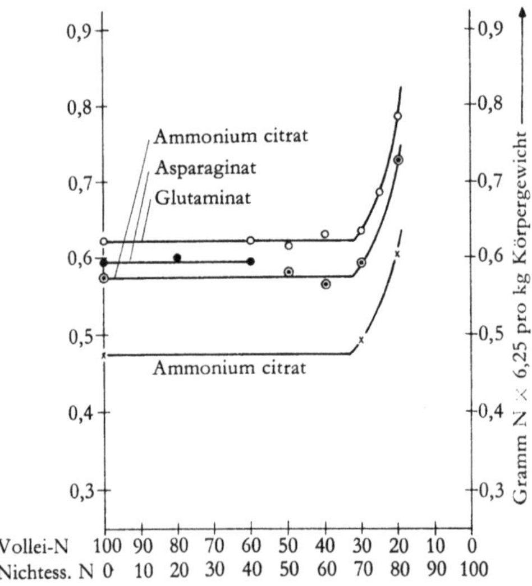

Abb. 10 Der Minimalbedarf an N mal 6,25 pro Kilogramm Körpergewicht bei Mischungen von Ei mit nichtessentiellem Stickstoff

Mit der großen Streubreite von $\pm 10\%$, wie sie bei der Bestimmung der biologischen Wertigkeit bisher als befriedigend angesehen wurde, wäre es niemals möglich gewesen, so detaillierte Befunde wie an unserem Institut zu erhalten. Der schwache Knick in der Bedarfskurve von Rindfleisch/Kartoffeln (Abb. 8) wäre nicht erkannt worden, ebensowenig das geringfügige Minimum in der Bedarfskurve bei der Mischung Milch/Kartoffeln (Abb. 7). Die beiden getrennten Linien der Versuchspersonen Laut. und Hei. bei dem Versuch über die Kombination Fisch/Kartoffeln (Abb. 9) wären zu einer waagerechten Geraden zusammengefallen. Der große Biochemiker und Nobelpreisträger RICHARD WILLSTÄTTER sprach einmal aus: »Jeder echte Fortschritt in der Biochemie ist ein Fortschritt in der Methodik«.

6. Zusammenfassung

1. Als biologische Wertigkeit eines Proteins wird der reziproke Wert seines Minimalbedarfes bei ausgeglichener Bilanz an Versuchspersonen angesehen.
2. Die Diagramme des Eiweißbedarfes in Abhängigkeit vom Mischungsverhältnis der Proteine sind bei verschiedenen Versuchspersonen einander geometrisch ähnlich, aber meist proportional verschoben.
3. Bei Gemischen von Proteinträgern treten Minima des Eiweißbedarfs (also Maxima der biologischen Wertigkeit) auf.
4. Die den Minimalpunkt einschließenden Kurvenäste sind Geraden.
5. Die prozentuale Standardabweichung der Meßpunkte von den Geraden liegt innerhalb von $\pm 1{,}5\%$.
6. Die biologische Wertigkeit reiner Kartoffelnahrung liegt sehr hoch, ebenso hoch wie die von Volleiprotein.
7. Die Ergänzungswertigkeit gegen Ei ist groß; bei einem bestimmten Mischungsverhältnis wurde die höchste biologische Wertigkeit, die je gefunden wurde, erzielt.
8. Die Ergänzungswertigkeit gegen Milch und Rindfleisch ist geringer.
9. Gegen Fisch besteht keine Ergänzungswertigkeit.
10. Die hohe biologische Wertigkeit der Kartoffelproteine trägt zur Erklärung der Tatsache bei, daß die deutsche Bevölkerung die letzte Hungerperiode überlebt hat.

7. Literaturverzeichnis

[1] Thomas, K., Arch. Physiol. (Arch. f. Anat. u. Physiol., Physiol. Abt. **1909,** 219).

[2] Rose, W. C., Physiol. Rev., **18,** 109 (1938).

[3] Kofrányi, E., Hoppe-Seyler's Z. f. physiol. Chem., **309,** 253 (1957).

[4] Kraut, H., und H. Müller-Wecker, Hoppe-Seyler's Z. f. physiol. Chem., **320,** 241 (1960).

[5] Kraut, H., und A. Szakál, Arbeitsphysiologie **11,** 408 (1941).

[6] Stoldt, W., und M. Weibull, in: A. Beythin und W. Dimair, Laboratoriumsbuch f. d. Lebensmittelchemie, S. 34, Th. Steinkopff-Verlag, Dresden und Leipzig 1957.

[7] Bertrand, G., Bull. Soc. Chim. France, **35,** 1285 (1906).

[8] Kofrányi, E., und F. Jekat, Hoppe-Seyler's Z. f. physiol. Chem., **338,** 159 (1964).

[9] Mitchell, H. H., und R. J. Block, J. of biol. Chem., **163,** 599 (1946).

[10] Oser, B. L., J. amer. Diet. Ass., **27,** 396 (1951).

[11] Kofrányi, E., und F. Jekat, Hoppe-Seyler's Z. f. physiol. Chem., **338,** 154 (1964).

FORSCHUNGSBERICHTE DES LANDES NORDRHEIN-WESTFALEN

Herausgegeben im Auftrage des Ministerpräsidenten Dr. Franz Meyers von Staatssekretär Prof. Dr. h. c. Dr.-Ing. E. h. Leo Brandt

BIOLOGIE

HEFT 8
Dr. Maria-Elisabeth Meffert und Heinz Stratmann, Kohlenstoffbiologische Forschungsstation e. V., Essen
Algen-Großkulturen im Sommer 1951
1953. 42 Seiten, 4 Abb., 20 Tabellen. DM 9,75

HEFT 27
Prof. Dr. E. Schratz, Münster
Untersuchungen zur Rentabilität des Arzneipflanzenanbaues Römische Kamille, Anthemis nobilis L.
1953. 9 Seiten, 1 Tabelle. DM 3,60

HEFT 28
Prof. Dr. E. Schratz, Münster
Calendula officinalis L. Studien zur Ernährung, Blütenfüllung und Rentabilität der Drogengewinnung
1953. 18 Seiten, 2 Abb., 3 Tabellen. DM 5,20

HEFT 33
Kohlenstoffbiologische Forschungsstation e. V., Essen
Eine Methode zur Bestimmung von Schwefeldioxyd und Schwefelwasserstoff in Rauchgasen und in der Atmosphäre
1953. 23 Seiten, 8 Abb., 3 Tabellen. DM 6,50

HEFT 42
Prof. Dr. Burckhardt Helferich, Bonn
Untersuchungen über Wirkstoffe – Fermente – in der Kartoffel und die Möglichkeit ihrer Verwendung
1953. 47 Seiten, 9 Abb. DM 11,—

HEFT 68
Kohlenstoffbiologische Forschungsstation e. V., Essen
Algengroßkulturen im Sommer 1952
II. Über die unsterile Großkultur von Scenedesmus obliquus
1954. 52 Seiten, 3 Abb., 29 Tabellen. DM 11,40

HEFT 83
Prof. Dr. S. Strugger, Münster
Über die Struktur der Proplastiden
1954. 27 Seiten, 15 Abb. DM 8,40

HEFT 94
Prof. Dr. phil. habil. G. Winter, Bonn
Die Heilpflanzen des MATTHIOLUS (1611) gegen Infektionen der Harnwege und Verunreinigung der Wunden bzw. zur Förderung der Wundheilung im Lichte der Antibiotikaforschung
1954. 46 Seiten, 1 Abb., 2 Tabellen. DM 11,50

HEFT 95
Prof. Dr. phil. habil. G. Winter, Bonn
Untersuchungen über die flüchtigen Antibiotika aus der Kapuziner- (Tropaeolum maius) und Gartenkresse (Lepidium sativum) und ihr Verhalten im menschlichen Körper bei Aufnahme von Kapuziner- bzw. Gartenkressensalat per os
1954. 61 Seiten, 9 Abb., 25 Tabellen. DM 14,—

HEFT 131
Dr. rer. nat. W. Hoerburger, Köln
Versuche zur Biosynthese von Eiweiß aus Kohlenwasserstoff
1955. 22 Seiten, 2 Abb., 3 Tabellen. DM 6,90

HEFT 137
Prof. Dr. rer. nat. habil. Walter Baumeister, Münster
Beiträge zur Mineralstoffernährung der Pflanzen
1955. 48 Seiten, 6 Tabellen. DM 11,80

HEFT 144
Prof. Dr. phil. Hermann Wurmbach, Zoologisches Institut der Universität Bonn
Steuerung von Wachstum und Formbildung
VIII. Mitteilung: Übersicht über die bisherigen Ergebnisse
1955. 32 Seiten, 19 Abb. DM 10,30

HEFT 203
Dr. rer. nat. G. Wandel, Bonn
Uferbewachung und Lebendverbauung an den Nordwestdeutschen Kanälen und ihren Zuflüssen sowie an der Ruhr
1956. 109 Seiten, 88 Abb. DM 25,70

HEFT 249
Dr. rer. nat. Maria-Elisabeth Meffert, Kohlenstoffbiologisches Forschungsinstitut e. V., Essen
Weitere Kulturversuche mit Scenedesmus obliquus
1956. 26 Seiten, 5 Abb., 10 Tabellen. DM 8,—

HEFT 254
Prof. Dr. phil. Rolf Danneel,
Zoologisches Institut der Universität Bonn
Quantitative Untersuchungen über die Entwicklung des Ehrlich-Ascitestumors bei Inzuchtmäusen
1956. 41 Seiten, 8 Abb., 17 Tabellen. DM 11,75

HEFT 317
Dr.-Ing. Jürgen Stelter,
Laboratorium für Ultrakurzwellentechnik und Ultraschall an der Rhein.-Westf. Technischen Hochschule Aachen
Mikrobiologische Ultraschallwirkungen
1956. 97 Seiten, 41 Abb., 12 Tabellen. DM 23,90

HEFT 388
Prof. Dr. rer. nat. habil. Walter Baumeister und
Dr. rer. nat. Helmut Burghardt, Münster
Die Bedeutung der Elemente Zink und Fluor für das Pflanzenwachstum
1957. 38 Seiten, 17 Tabellen. DM 10,20

HEFT 389
Prof. Dr.-Ing. habil. Hermann Fink und
Brauerei-Ing. Karl-Wilhelm Hoppenhaus, Köln
Die biologische Eiweiß-Synthese von höheren und niederen Pilzen und die alimentäre Lebernekrose der Ratte
1956. 65 Seiten, 2 Abb., 24 Tabellen. DM 15,60

HEFT 411
Dr. Liesel Sommer und
Prof. Dr. Wilhelm Halbsguth,
Botanisches Institut der Universität Frankfurt
Grundlegende Versuche zur Keimungsphysiologie von Pilzsporen
1957. 90 Seiten, 13 Abb., 32 Tabellen. DM 22,70

HEFT 429
Prof. Dr. O. Kuhn, Köln
Selektive Wirkung verschiedener Stoffgruppen auf tierische Gewebe
1957. 53 Seiten, 32 Abb. DM 13,15

HEFT 508
Limnologische Station Niederrhein der Hydrobiologischen Anstalt der Max-Planck-Gesellschaft,
Krefeld-Hülserberg
Limnologische Untersuchungen des Rheinstromes. I. Hydrobiologische und physiographische Verhältnisse im Rheinstrom im Bild bisheriger Untersuchungen von Dr. rer. nat. Hans Schmidt-Ries
1958. 64 Seiten. DM 33,90

HEFT 509
Dr. rer. nat. Hans Schmidt-Ries, Krefeld
Limnologische Untersuchungen des Rheinstromes. II. Physiographische Untersuchungen des Rheines in den Jahren 1951–1957
1958. 280 Seiten, 205 Tabellen als Anhang.
Vergriffen

HEFT 514
Dr. rer. nat. Maria-Elisabeth Meffert,
Kohlenstoffbiologische Forschungsstation Essen
Die Kultur von Scenedesmus obliquus in Abwasser
1957. 34 Seiten, 7 Abb., 7 Tabellen. DM 10,85

HEFT 524
Dr. Siegfried Lockau, Emlichheim
Versuche zur Gewinnung von Kartoffeleiweiß
1958. 42 Seiten, 2 Abb. DM 12,70

HEFT 536
Dr. phil. Carl Wilhelm Czernin-Chudenitz,
Limnologische Station Niederrhein der Hydrobiologischen Anstalt der Max-Planck-Gesellschaft, Krefeld-Hülserberg
Leiter: Dr. rer. nat. Hans Schmidt-Ries
Limnologische Untersuchungen des Rheinstromes. III. Quantitative Phytoplanktonuntersuchungen
1958. 224 Seiten, 44 Abb. DM 50,—

HEFT 539
Prof. Dr. Leopold v. Ubisch,
im Auftrag der Zoologischen Station Neapel
Die phylogenetischen Symmetrieveränderungen bei den Seeigeln
1958. 56 Seiten, 27 Abb. DM 15,75

HEFT 627
Prof. Dr. phil. Hermann Wurmbach,
Dr. rer. nat. Doddy Tisna-Amidjaja und
P. Rolf Erhard, Bonn
Zoologisches Institut der Universität Bonn,
Entwicklungsgeschichtliche Abteilung
Steuerung von Wachstum und Formbildung. XVIII. Mitteilung: Zusammenhänge von Zuckerstoffwechsel und Wachstum
1958. 37 Seiten, 19 Abb., 6 Tabellen. DM 13,30

HEFT 629
Dipl.-Ing. Karl Wolters, Laboratorium für Ultraschall an der Rhein.-Westf. Technischen Hochschule Aachen
Zur Wirkung von Ultraschall auf die Keimung und Entwicklung von Pflanzen und auf den Verlauf von Pflanzenkrankheiten
1958. 34 Seiten, 15 Abb., 1 Tabelle. DM 10,—

HEFT 682
Prof. Dr. phil. Hermann Wurmbach,
Dr. rer. nat. Fritz Mombeck,
Dr. agr. Klaus-Josef Nobis und
Dr. rer. nat. Susanne Mertens-Neuling,
Zoologisches Institut der Universität Bonn,
Entwicklungsgeschichtliche Abteilung
Zur Wirkungsweise der sterioiden Hormone auf Wachstum und Differenzierung. XIX. Mitteilung: Steuerung von Wachstum und Formbildung
1959. 45 Seiten, 28 Abb. DM 13,50

HEFT 716
Dr. rer. nat. Maria-Elisabeth Meffert, Essen
Zur Methodik der Freilandkultur einzelliger Grünalgen und Vorschlag eines neuen Kulturverfahrens
1959. 34 Seiten, 16 Abb., 2 Tabellen. DM 10.30

HEFT 738
Prof. Dr. phil. Hermann Wurmbach,
Dr. rer. nat. Lothar Schneider und
Dr. rer. nat. Heinrich Haardick,
Zoologisches Institut der Universität Bonn
Steuerung von Wachstum und Formbildung. XX. Mitteilung: Untersuchungen über Wachstums- und Entwicklungsbeeinflussungen von Tymusfraktionen an Kaulquappen
1959. 24 Seiten, 12 Abb., 1 Tabelle. DM 7,80

HEFT 744
Prof. Dr. Curt Heidermanns und
Dr. Inge Kirchner-Kühn,
Zoologisches Institut der Universität Bonn
Die Ausscheidung von Wirkstoffen im Harn von Wild- und Nutztieren. I. Die Ausscheidung von Phosphatasen, Amylasen und Proteasen
1959. 54 Seiten, zahlr. Tabellen. DM 14,40

HEFT 796
Prof. Dr. phil. Rolf Danneel, Ursula Lindemann und
Stefanie Lorenz,
Zoologisches Institut der Universität Bonn
Die Scheckung der schwarz-bunten und rotbunten Niederungsrinder. I. Morphologischer Befund
1959. 39 Seiten, 5 Tabellen. DM 14,20

HEFT 884
Dr. rer. nat. Hans van Haut und
Dr. rer. nat. Dipl.-Chem. Heinrich Stratmann,
Kohlenstoffbiologische Forschungsstation e. V., Essen
Experimentelle Untersuchungen über die Wirkung von Schwefeldioxyd auf die Vegetation
1960. 63 Seiten, 27 Abb., 1 Tabelle. DM 18,80

HEFT 856
Prof. Dr. Heinrich Reploh, Dr. Günther Gängel und
Dr. Alexander Nehrkorn,
Hygiene-Institut der Universität Münster
Untersuchungen über den Einfluß von Abwasser-Organismen auf Krankheitserreger
1960. 26 Seiten, 11 Abb., 11 Tabellen. DM 8,60

HEFT 858
Baudirektor Wolfgang Triebel, Viersen, und
Dipl.-Ing. R. Nowak, Frankfurt
Herstellung von Schmelzphosphat-Dünger bei hygienischer Aufbereitung und Vernichtung von Stadtmüll
1960. 40 Seiten, 4 Abb., 12 Tabellen. DM 11,50

HEFT 952
Dr. rer. nat. Maria-Elisabeth Meffert, Kohlenstoffbiologische Forschungsstation e. V., Dortmund
Die Wirkung der Substanz von Scenedesmus obliquus als Eiweißquelle in Fütterungsversuchen und die Beziehung zur Aminosäure-Zusammensetzung
1961. 48 Seiten, 15 Tabellen. DM 13,70

HEFT 974
Dr. rer. nat. Else Haine, Bonn
Nehmen luftelektrische Faktoren Einfluß auf die Aktivitätswechsel kleiner Insekten, insbesondere auf die Häutungs- und Reproduktionszahlen von Blattläusen?
1961, 80 Seiten, 44 Abb., 9 Tabellen. DM 24,30

HEFT 1001
Dipl.-Phys. Dr. Günter Langner,
Institut für Elektronenmikroskopie
an der Medizinischen Akademie Düsseldorf
Direktor: Prof. Dr. med. H. Ruska
Die Informationsübertragung bei der Mikroskopie mit Röntgenstrahlen
1961. 125 Seiten, 7 Abb. DM 37,—

HEFT 1019
Dr. med. habil. Kurt Herzog,
Chefarzt der Chirurgischen Klinik
der Städtischen Krankenanstalten Krefeld
Zur Methodik der fortlaufenden graphischen Registrierung von Bewegungen der Gliedmaßengelenke des Menschen
1961. 59 Seiten, 26 Abb. DM 19,—

HEFT 1029
Dr. Hans Füsser, cand. rer. nat. Egon Flach und
Prof. Dr. Hermann Fink, Institut für Gärungswissenschaft und Enzymchemie der Universität Köln
Versuche zur gleichzeitigen Gewinnung von Hefeeiweiß und Antibiotika
1962. 39 Seiten, 12 Abb., 13 Tabellen. DM 14,70

HEFT 1044
Prof. Dr. Curt Heidermanns und
Dr. Inge Kirchner-Kühn,
Zoologisches Institut der Universität Bonn
Die Ausscheidung von Wirkstoffen im Harn von Wild- und Nutztieren. II. Die Ausscheidung der 17-Ketosteroide und der 17-ketogenen Steroide
1962. 70 Seiten, 26 Abb., 11 Tabellen. DM 23,—

HEFT 1086
Prof. Dr. rer. nat. habil. Walter Baumeister und
Dr. rer. nat. Lothar Schmidt,
Botanisches Institut der Universität Münster
Die physiologische Bedeutung des Natriums für die Pflanze. I. Versuche mit höheren Pflanzen
1962. 42 Seiten, 20 Tabellen. DM 14,50

HEFT 1170
Charles Boursin, Zoologisches Forschungsinstitut und Museum Alexander Koenig, Bonn
Die „Noctuinae-Arten“ (Agrotinae vulgo sensu) aus Dr. h. c. H. Hönes China-Ausbeuten. Beitrag zur Fauna Sinica
1963. 107 Seiten, 22 Tafeln im Anhang. DM 62,60

HEFT 1184
Dr. rer. nat. Dipl.-Chem. Heinrich Stratmann, Forschungsinstitut für Luftreinhaltung e. V., Essen
Freilandversuche zur Ermittlung von Schwefeldioxydwirkungen auf die Vegetation. II. Teil: Messung und Bewertung der SO-Immissionen
1963. 69 Seiten, 11 Abb., 52 Tabellen. DM 33,80

HEFT 1217
Prof. Dr. Curt Heidermanns und Dr. Inge Kirchner-Kühn, Zoologisches Institut der Universität Bonn, Abteilung für vergleichende Physiologie
Die Ausscheidung von Wirkstoffen im Harn von Wild- und Nutztieren. III. Die Ausscheidung von oestrogenen Substanzen
1963. 67 Seiten, 4 Abb., 23 Tabellen. DM 24,50

HEFT 1236
Prof. Dr. Hermann Fink † und Elisabeth Herold, bearbeitet von Dr. Ilse Schlie, Institut für Gärungswissenschaft und Enzymchemie der Universität Köln Direktor: Prof. Dr. Hermann Fink †
Über den biologischen Wert der einzelligen Grünalge Scenedesmus obliquus - frisch und verschieden getrocknet - und ihre diätetischen und therapeutischen Eigenschaften
1963. 39 Seiten, 17 Abb., 11 Tabellen. DM 15,40

HEFT 1247
Prof. Dr. Karl-Ernst Wohlfahrt-Bottermann, Zentral-Laboratorium für angewandte Übermikroskopie am Zoologischen Institut der Universität Bonn
Zellstrukturen und ihre Bedeutung für die amöboide Bewegung
1963. 104 Seiten, 25 Abb., 1 Tabelle. DM 46,80

HEFT 1371
Prof. Dr. phil. Hermann Wurmbach, Dr. rer. nat. Anneli Biwer, Dr. rer. nat. Lothar Schneider, Dr. rer. nat. Hanne-Lore Pohland und Ursula Borchert, Zoologisches Institut der Universität Bonn, Entwicklungsgeschichtliche Abteilung
Zur antithyreoidalen und Mißbildungen erzeugenden Wirkung pflanzlicher und tierischer Öle bei Kaulquappen
1964. 71 Seiten, 41 Abb. DM 35,80

HEFT 1426
Prof. Dr. med. Erich A. Müller, Max-Planck-Institut für Arbeitsphysiologie, Dortmund
Die Messung der Veränderung der vertikalen Blutverteilung beim Stehen
Dr. med. Jürgen Stegemann, Max-Planck-Institut für Arbeitsphysiologie, Dortmund
Der Einfluß künstlicher Beatmung auf den arteriellen Kohlendioxyddruck, das arterielle pH und die Stoffwechselgröße
1964. 54 Seiten, 15 Abb., 2 Tabellen. DM 25,50

HEFT 1483
Prof. Dr. Robert Potonié, Geologisches Landesamt Nordrhein-Westfalen, Krefeld
Fossile Sporae in situ
Vergleich mit den Sporae dispersae
Nachtrag zur Synopsis der Sporae in situ
1965. 74 Seiten, 70 Abb. DM 29,80

HEFT 1484
Dr. Julija Indans, Geologisches Landesamt Nordrhein-Westfalen, Krefeld
Mikrofaunistisches Normalprofil durch das marine Tertiär der Niederrheinischen Bucht
1965. 85 Seiten, 9 Abb., 10 Tabellen. DM 46,—

HEFT 1566
Dr. phil. Karl Schmitz-Moormann, Münster
Das Weltbild Teilhard de Chardin's I.
Untersuchungen zur Terminologie Teilhard de Chardin's
In Vorbereitung

HEFT 1582
Dipl.-Ing. Dr. techn. Ernst Kofranyi und Dr. rer. nat. Friedrichkarl Jekat, Max-Planck-Institut für Ernährungsphysiologie, Dortmund
Die biologische Wertigkeit von Kartoffelproteinen

HEFT 1588
Priv.-Dozent Dr. Karlheinz Neumann Institut für Industrielle und Biologische Forschung, Köln
Die biologisch wichtigen Inhaltsstoffe der Pflaumen und die Ursachen ihrer laxierenden Wirkung
In Vorbereitung

HEFT 1609
Priv.-Dozent Dr. F. Amelunxen Botanisches Institut und Botanischer Garten der Westfälischen Wilhelms-Universität Münster Direktor: Prof. Dr. H. Reznik
Untersuchungen an Ribosomen
In Vorbereitung

HEFT 1648
Prof. Dr. Dr. h. c. Heinrich Kraut und Dr. rer. nat. Maria-Elisabeth Meffert, Kohlenstoffbiologische Forschungsstation e. V., Dortmund
Über unsterile Großkulturen von Scenedesmus abliquus
In Vorbereitung

HEFT 1649
Dr. rer. nat. Else Haine und B. Eastop, Forschungslaboratorium für angewandte Entomologie im Museum Alexander Koenig, Bonn
Die Erforschung des Insektenflugs mit Hilfe neuer Fang- und Meßgeräte
Blattlausfänge einer englischen Saugfalle aus dem Park des Museums Alexander Koenig in Bonn vom 1. bis 21. Oktober 1961
In Vorbereitung

Verzeichnisse der Forschungsberichte aus folgenden Gebieten können beim Verlag angefordert werden:

Acetylen/Schweißtechnik – Arbeitswissenschaft – Bau/Steine/Erden – Bergbau – Biologie – Chemie – Eisenverarbeitende Industrie – Elektrotechnik/Optik – Energiewirtschaft – Fahrzeugbau/Gasmotoren – Druck/Farbe/Papier/Photographie – Fertigung – Funktechnik/Astronomie – Gaswirtschaft – Holzbearbeitung – Hüttenwesen/Werkstoffkunde – Kunststoffe – Luftfahrt/Flugwissenschaften – Luftreinhaltung – Maschinenbau – Mathematik – Medizin/Pharmakologie/NE-Metalle – Physik – Rationalisierung – Schall/Ultraschall – Schifffahrt – Textilforschung – Turbinen – Verkehr – Wirtschaftswissenschaften.

WESTDEUTSCHER VERLAG · KÖLN UND OPLADEN
567 Opladen/Rhld., Ophovener Straße 1–3

GPSR Compliance
The European Union's (EU) General Product Safety Regulation (GPSR) is a set of rules that requires consumer products to be safe and our obligations to ensure this.

If you have any concerns about our products, you can contact us on

ProductSafety@springernature.com

In case Publisher is established outside the EU, the EU authorized representative is:

Springer Nature Customer Service Center GmbH
Europaplatz 3
69115 Heidelberg, Germany

www.ingramcontent.com/pod-product-compliance
Ingram Content Group UK Ltd.
Pitfield, Milton Keynes, MK11 3LW, UK
UKHW061659190726
13853UKWH00008B/2298

* 9 7 8 3 6 6 3 0 6 0 7 7 2 *